世界的故事

[意]特蕾莎·布翁焦尔诺 著　[意]埃莉萨·帕加内利 绘　高翔 译

Storie della storia

历史的故事

——穿越时空看世界

山东教育出版社 　　大音 广东大音音像出版社
·济南·　　　　　　　　·广州·

图书在版编目（CIP）数据

历史的故事：穿越时空看世界 /(意) 特蕾莎·布
翁焦尔诺著；(意) 埃莉萨·帕加内利绘；高翔译. —
济南：山东教育出版社，2022.1
（世界的故事）
ISBN 978-7-5701-1748-2

Ⅰ.①历… Ⅱ.①特… ②埃… ③高… Ⅲ.①世界史
－少儿读物 Ⅳ.①K109

中国版本图书馆CIP数据核字（2021）第127429号

LISHI DE GUSHI——CHUANYUE SHIKONG KAN SHIJIE
历史的故事——穿越时空看世界

目　录

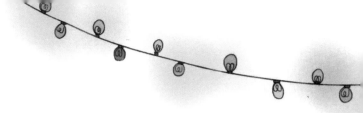

给孩子认识世界的知识宝库

"日历"的来历

　　很久以前，还没有日历的时候，人们通过观察太阳和月亮的位置变化，总结出地球环绕太阳运动的规律，把从一次日出到下一次日出的时间长度称为"一天"，把从月亮由弯钩变圆又变回弯钩的时间长度称为"一个月"，把白天最短的一天称为"冬至"，把从一个冬至到下一个冬至的时间算作"一年"，一年中有 12 个月和 365 天（闰年为 366 天）。

　　后来，人们发明了日历。早期的日历有多种不同的计算方法，有的日历把冬至作为新一年的起点；有的日历把春天的开始（即春分，那一天的白天和黑夜的时间一样长）作为一年的起点。直到现在，人们还在用着各种不同的日历。我们日常生活中用的日历以太阳年为基础，有时也会用到农历，中国的传统节日（如春节、中秋节）就是根据农历而定的。在大部分西方国家，人们采用的日历也是一部分用阳历（如圣诞节固定在每年的 12 月 25 日），一部分用阴历（如复活节在每年春分月圆之后第一个星期日）。

尽管沿用至今的日历被人们称为"儒略历"，但罗马大帝儒略·恺撒并非日历的初创者，他只是对先前的努马历（由罗马第二任国王努马制定）进行调整。在恺撒制定历法前，当时罗马历法中每年只有十个月，而且会随意增加闰月，导致出现寒暑颠倒的混乱状态。公元 800 年左右，查理大帝和后来的法国大革命时期的革命者们，都曾经试图制定新的历法并为其更名，但都以失败告终。因此，我们至今仍在使用的日历，其实与古罗马时期的区别不大。

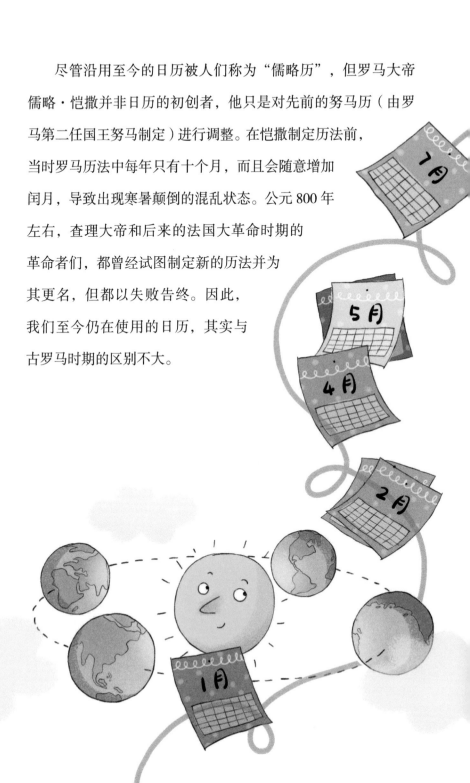

恐龙的故事

2亿5000万年前

　　1799 年，玛丽·安宁出生在英国一个木匠之家，她从小便跟随父亲上山下海寻找各类史前动物的骨骼化石，并将之放在家中小店售卖。在安宁 12 岁时（1811 年），她无意中发现了一具鱼龙的完整骨骼，并卖出了 23 英镑的好价钱。这种被称为鱼龙的动物，外形与现代海豚极为相像，也可以看作海豚的祖先。10 年后，安宁又发现了一副同为史前生物、形似现代海豹的蛇颈龙的完整骨骼，并卖出了 100 英镑的高价。她 40 岁时，意外发现了一具此前在英国从未被发现的双型齿翼龙化石。自此，安宁成为当时英国最重要的化石收集者和古生物学家之一。

　　对古代生物抱有极大兴趣的还有一位名为吉迪恩·曼特尔的科学家。因为对古生物研究有强烈的兴趣，他和夫人一起，将自己的家改造成一座独具特色的古生物博物馆，其中珍藏着家中女主人首次发现的一颗禽龙牙齿。禽龙是一种大型鸟脚类恐龙，身长 9 到 10 米，高 4 到 5 米，前肢生有 4 根"手指"和一根像钉子一样尖的"拇指"。可以说，以安宁和吉迪恩为代表的一众古生物学家，深深迷醉于研究腕龙、暴龙（一般指霸王龙）、剑龙和梁龙。其中腕龙是恐龙里身长最长的，有13米长；肉食性恐龙霸王龙虽然身长只有5米，但牙齿却长达15厘米；剑龙则因为背上凸起的菱形脊而得名。19世纪英国动物学家欧文将这些古生物统称为"恐龙"。恐龙大约在2亿5000万年前出现在地球上，并生存了1亿6000万年之久。

尼安德特人

20万—3万年前

　　20万年前，地球的大部分陆地被冰雪覆盖，在这里生活着一群住在洞穴里的原始人。他们是现代欧洲人祖先的近亲——尼安德特人，因其化石发现于德国尼安德特山谷而得名。他们在洞穴里生火取暖，将太阳视作神明。对这些茹毛饮血的原始人来说，太阳能让大地回春，但是被视作神明的太阳，也就是日神，有时候也需要好好休息一下，于是他睡觉的时间越来越长，每天的日照时间也变得越来越短，直到每年的12月22日达到最短。

　　为了日神在来年继续保佑人类、照耀大地，尼安德特人每年都会在日照时间最短的这一天（即冬至日）举行庆典，祈求日神早日归来。为了庆祝这一天，他们还会特意清理出一片空地，空地中间种上一棵高大的常绿杉树，并用常春藤、叶冬青、槲（hú）寄生等植物的枝叶来装饰它。在这一天，人们大快朵颐，吃香喷喷的烤牛肉、烤鳟鱼、苹果干和榛子，然后互相赠送挂在杉树上的节日礼物，以此表示最诚挚的祝福。有的孩子在幸运地收到两块燧火石后，便不需依靠大人的帮助，独立燃起同时具有照明、烹食、防寒和驱赶野兽作用的熊熊大火。这些早年居住在欧洲北部的原始人在每年冬至期间合家团聚、互赠礼物的这一传统，在几万年以后，随着基督教传入欧洲，以圣诞节的形式延续了下来。

尼安德特人虽早已远离我们而去，但是苏格兰儿童文学作家约翰·格兰特通过55集名为《小鼻子历险记》的系列童话小说，为我们展现了一位绰号为"小鼻子"的尼安德特小孩的奇趣历险故事。

金 字 塔

古埃及，公元前3900—公元前332年

在古希腊历史学家希罗多德的笔下，金字塔被描绘为一座座闪着耀眼金光的"黄米塔"。根据联合国教科文组织的认定，埃及首都开罗附近的古埃及金字塔建筑群被列入世界七大奇观之一。这一座座高耸于浩瀚沙漠之中的三角锥形建筑，是古埃及最高统治者法老的陵墓。不过，因为这些金字塔的建筑技术非常高超，人们曾一度怀疑金字塔是由一批误闯入地球的外星人设计修建而成的，目的是进行天文观察。

古埃及人认为人的死亡只是其灵魂与肉体的暂时分离。为了让那些迷途的灵魂有朝一日能够找到自己的肉身，他们用防腐香料填充尸体身腔，用盐水、膏油、麻布等物将尸体制成"木乃伊（即人工干尸）"，再将其放置到金字塔里的防盗密室之中。现存世上最大的金字塔高约 146.5 米，为法老胡夫所建，由 230 万块巨型石料堆砌而成，前后动用至少 10 万名民夫，耗时 20—30 年。第二大的金字塔是胡夫的儿子哈夫拉修建的金字塔。高度排名第三的金字塔是哈夫拉的儿子孟卡拉修建的，高达 63 米。

伫立于哈夫拉金字塔旁的，是同样神秘莫测的狮身人面像（音译为斯芬克斯），它曾跨越地中海，出现在古希腊人的传说当中。在希腊文化里，斯芬克斯受赫拉（奥林匹斯十二主神之一）的遣派，坐在忒拜城附近的悬崖上，拦住过往的路人问其谜语，它会把答不出谜底的人一口吞掉。

《圣经》的故事

犹太，公元前10世纪—公元1世纪

    "圣经"一词最早可追溯至古希腊人用以表示"书籍"的词。由此，我们不难发现，现在被欧洲人视作单数名词存在的"圣经"，在其出现的年代，实际上指的是一系列有关上帝创世神话、犹太民族历史传说等，后来，人们将其集合成册，以传后世。此外，在西方各国语言中，对上帝的称呼有很多种，如"以罗欣""永恒的存在""天主"等，而最为特别的称呼，则要属无法读出的"YHWH"，这也是对上帝耶和华最尊敬的称呼之一。

    流传至今的《圣经》故事，从《创世纪》（《圣经》的第一卷）中亚当与夏娃被逐出伊甸园讲起。有趣的是，根据当代研究者的考古发现，《圣经》中出现的人间天堂——伊甸园，似乎不是虚构的，而是曾真实存在于位于亚洲的底格里斯河和幼发拉底河两条河道之间的地带。

    随着基督教传入欧洲，包含大量诗篇和预言的《圣经》中又加入了描述耶稣生平的四部福音书。而犹太教徒们则仍抱守古老的《圣经·旧约》，他们坚信并期待弥赛亚（指的是"上帝所选中的人"，具有特殊的权力）的最终来临。此外，《旧约全书》中还详细记述了三位代表人物——亚伯拉罕、以撒和雅克布的故事，4000多年前，他们生活在迦南地区（今巴勒斯坦）。

奥林匹克运动会

古希腊，公元前776—公元393年

　　每年的 6 月 21 日，即夏至这一天，是古希腊奥林匹克运动会（下文简称"奥运会"）开幕的日子。开始时，17 岁以下的少年没有资格参加奥运会，直到公元前 632 年举办的第 37 届奥运会，才首次增设了青少年项目，参加者年龄被限制在 17—20 岁。

　　据说，举办奥运会最初是为了祭祀万神之王宙斯。每隔 4 年，人们会放下武器、搁置纷争，在奥林匹亚市以宙斯之名举办运动会。在奥林匹亚的宙斯神殿中，曾有一座由珍贵的象牙雕刻而成的宙斯神像，这座神像是古代世界七大奇迹之一。传说古希腊著名大力士赫拉克勒斯有一双 32 厘米长的大脚，他的脚长的 600 倍被称为"斯泰德"。一个"斯泰德"合 192 米，这便是最早举办奥运会的奥林匹亚运动场里跑道的长度。

　　进行比赛时，参赛者为了展示自己的健美身材和良好精神状态，纷纷褪下华服，并在身上涂满橄榄油。奥运会体育项目包含各种竞速、跳远和跳高运动，还有些项目是在马背上进行的，而其中最激动人心的则要数著名的五项竞技比拼了，即铁饼、标枪、跳远、竞跑和摔跤。

　　古代奥运会召开前，人们在奥林匹亚宙斯神庙前面，举行庄严神圣的仪式，在祭坛点燃火炬后，多名火炬手接力将火炬送到希腊各个城邦。

　　从首届奥运会开幕的公元前 776 年，到公元 393 年古罗马皇帝迪奥多西一世宣布停办奥运会，古代奥运会共举办了 290 多届。

双面神雅努斯

意大利拉齐奥，公元前8世纪

雅努斯是古罗马时期拉齐奥地区的一位国王，他足智多谋、心思缜密，总能识破敌人的阴谋诡计。他的后脑勺仿佛长了眼睛，每次都能躲开敌人的暗箭。

为了纪念这位国君，在他死后，罗马人为他建造了一座雄伟的神庙。相传有一次，萨宾人攻打罗马城，萨宾大军即将攻破城门时，罗马人正聚集在雅努斯神庙中祈求奇迹出现。突然，一股股散发着硫磺恶臭味的沸水从地下喷涌而出，迫使萨宾人不得不放弃进攻，铩羽而归，罗马城便也保住了。从此以后，雅努斯便成为罗马人的门神，所有从罗马开拔出征的士兵，为求得祝福与保佑，都要从象征雅努斯的拱门下穿过。

雅努斯是罗马神话中最古老的神，因他拥有前后两副面孔而被人们称为"双面神"：一副回顾过往，一副眺望未来。此外，雅努斯象征一切事物的终结与开始，因此古罗马日历每年的第一个月份便以他的名字命名。

伊特鲁里亚人
公元前7世纪—公元前4世纪

　　他们生活在意大利亚平宁半岛中北部和科西嘉岛上，是当时世界上一流的工程师。他们修建了无数公路、桥梁和水利工程；在农业方面，他们种植优质的橄榄与葡萄，并大量酿造葡萄酒。此外，人们还在他们建造的多处墓穴中，发现了许多美轮美奂的地下壁画和巧夺天工的拱形房顶结构。他们因此获得了一等建筑家的称号，流芳百世。他们，便是罗马灿烂文明缔造者之一的伊特鲁里亚人。

　　与罗马时期低声下气的家庭主妇形象不同，在伊特鲁里亚人统治时期，妇女受到人们尊重，并享有高度自由，她们可以参加各式各样的晚宴与聚会，拥有发表言论的权利。此外，她们还是勇猛善战的女性士兵，身赴沙场屡获战功。为了表达对女性的尊重和珍视，每年，伊特鲁里亚人都要前往诺齐亚女神庙，在其中一根由原木制成的柱子上钉上一颗钉子，以纪念刚刚过去的一年，同时诚心祈求来年万事皆能顺顺利利。

大流士一世

波斯，公元前522—公元前485年

　　这是一座拥有100多级阶梯的皇家宫殿，阶梯非常宽广，足以容纳10匹高头大马并肩前行。阶梯尽头是一扇由青铜制成的巨大城门，城门前还摆放着两种雕像，一种是长着马的脖颈、鹰的利嘴和鸟的翅膀的怪物雕像（见标题图），另一种是长着人脸的公牛雕像。整座宫殿金碧辉煌、雕梁画栋，有一座可容纳1万名皇家侍卫的大厅。宫殿的建造材料采自世界各地，包括巴比伦的砖块、黎巴嫩的木料、埃塞俄比亚的象牙、埃及的乌木和吕底亚地区（位于当代土耳其的西北部）的黄金等。

这座华美的皇家宫殿便是波斯波利斯的宫城。波斯波利斯是古波斯帝国的都城，而统治波斯帝国长达 36 年的大流士一世曾在这座宫殿里接受各国使节的觐见。

大流士一世不仅是波斯帝国的伟大君主，也是世界历史上的著名政治家之一。他继位不到一年，就让波斯帝国重归统一，并开疆拓土，使当时的波斯帝国成为历史上第一个地跨亚欧非三大洲的帝国，大流士一世亦因而被后世称为"铁血大帝"。此外，他在位期间修建了由尼罗河到红海的运河（苏伊士运河的前身），从而促进了波斯经济的快速发展，他还将各行省的贡赋固定下来，并统一了度量衡。

在大流士一世去世近 500 年之后，3 名来自波斯的博士，得知耶稣即将诞生，便赶往耶路撒冷前去拜见。然而令人惋惜的是，在耶稣诞生的时代，波斯波利斯皇宫早已被亚历山大大帝在东征途中焚毁了，其遗址已被列为世界文化遗产。

亚历山大大帝

马其顿，公元前356—公元前323年

当马可·波罗（13世纪意大利旅行家、商人）还是个孩子的时候，他就被雕刻在圣马可大教堂中亚历山大大帝的故事吸引。亚历山大大帝生于位于古希腊地区的马其顿王国，在他幼年时，母亲便将他托付给希腊圣人亚里士多德。在老师的教导下，亚历山大拥有健壮的体魄和无所畏惧的胆量，在崇高理想面前他视一切财富如粪土。

亚历山大12岁时，一名卖马人带来了一匹价格高昂的骏马，但这是一匹烈马，就连最优秀的驯马人也不能驯服它。小亚历山大竟然自告奋勇地向父王提议让他尝试驯服这匹马。在众人的哄笑声中，他毫不胆怯地冲向那匹马，把马头牵往面向阳光的一边。原来在刚才卫兵试马的过程中，亚历山大通过观察，注意到这匹马惧怕自己的影子，只要看不到自己的影子，它就会安静下来。趁着这个工夫，亚历山大跳上马背，双手紧握缰绳，飞奔而去。当亚历山大骑着马回来的时候，他的父亲激动得热泪盈眶，对他说："我的儿子，找一个适合你的王国吧，马其顿太小了。"随后父亲将这匹马作为礼物送给他，他给马起名叫"布塞法洛斯"。从此，布塞法洛斯一直陪伴亚历山大，直到因年老死亡而离开它的主人。亚历山大年仅 20 岁便继承父亲的王位，仅用了短短的 13 年时间，便征服了西起希腊、东至印度的大片土地。

13 世纪末期，马可·波罗随父亲和叔父前往东方，他在旅途中意外发现了大量亚历山大帝国时期的遗迹，比如在巴基斯坦城市布斯法拉完好地保存着埋葬着亚历山大的坐骑——布塞法洛斯尸骨的陵墓。

儒略·恺撒

古罗马，公元前100—公元前44年

在古罗马时期，为了便于辽阔疆域上各个行省间的有效沟通和交流，古罗马建筑家们学习伊特鲁里亚人，开辟了大量直通各地的"高速公路"，其中许多甚至沿用至今。我们现在还有句俗语："条条大路通罗马。"正是借助这一条条四通八达的"高速公路"，出生于公元前100年的儒略·恺撒得以在其短暂却辉煌的一生中功成名就。

恺撒小时候曾被凶悍的海盗绑架，他不但没有害怕，还建议海盗们提高他的赎金。海盗们得到大笔赎金后，释放了恺撒。谁知正当海盗们沉浸在大发横财的喜悦中时，恺撒率军杀了个回马枪，将这群为非作歹之徒绳之以法。

恺撒是一位有勇有谋的军事奇才，他带领大军远征高卢和不列颠，并大获全胜。在日常生活中，恺撒痴迷于赛马车运动和角斗士[1]比武，并曾因此负债累累。在执政期间，恺撒改革了当时漏洞百出的历法系统，他还将国家通行货币发行量与国库中的黄金存量挂钩。恺撒在罗马修建了大量方便行人行走的专用道路，为了保持城市地面干净整洁，他还雇了一批专职环卫工人。

公元前60年，恺撒与庞培[2]和克拉苏[3]订立盟约，组成了闻名于世的"前三头同盟"，后来恺撒击败二人取得罗马共和国最高统治权。然而，公元前44年的一天，时值盛年的恺撒，在一群共和派元老策划的阴谋中，被60多人持刀刺杀于一座剧院之中。而特别让人心痛的，则是在那手持利刃的60多名刺客里，有一位名叫布鲁图的人，是恺撒生前非常疼爱的义子。在恺撒弥留之际，他看到了刺客人群中的布鲁图，艰难地憋出了人生中最后的一句话："是你吗，布鲁图？！"

古罗马学校
古罗马，公元前1世纪

在古罗马共和国后期，富裕的家庭会为孩子聘请家庭教师，普通家庭的孩子则去收费的私立初等学校上学。许多学校没有固定场所作教室，一间租来的小屋子就是整个学校。孩子们上课的时候，就坐在一张长凳上，用膝盖作学习桌、蜡板作笔记本。孩子们所使用的"笔"，其实就是一根普通的小木棍，尖的一头用来在蜡板上"写"字，钝的一头则用作"橡皮擦"，涂改写错的内容。

当时的小学童每天要在 3 位严师的指导下，完成 6 个小时的学习。第一位老师负责教授字母和单词，第二位老师教数学，第三位老师负责传授缩写速记法的技巧。完成了这 3 门课程后，孩子们便可以阅读先哲们用希腊语和拉丁文写的经典作品了。

上学的时候，孩子们每周九[4]放假。如果家庭条件允许，小学毕业的孩子会继续读中学。在这一阶段，练就一副好口才，便成为了他们最主要的学习任务，因此他们所要面对的学科，便包括了那无聊透顶，但对未来职业生涯大有裨益的演讲术。

在这个阶段，许多孩子对观看战车比赛和角斗表演更感兴趣。随着孩子们渐渐长大，他们中的许多人开始沉迷于军事征服世界的迷梦和追寻自由公正的理想。

当时人们想要得到一本书，唯一的办法就是手工抄书。因此，许多罗马贵族的家中有专门负责抄书的奴隶。而对于囊中羞涩的普通人来说，获得阅读机会的唯一方式便是去公共图书馆。虽然恺撒在任时，曾委托专人规划建设图书馆，但随着他丧命于政敌之手，项目便被搁置了。直到奥古斯都[5]时期，古罗马首座公共图书馆才在波里翁[6]的推动下建立起来。

圣尼古拉

小亚细亚，约270—343年

　　圣尼古拉的故事，可以追溯至公元4世纪的海边小城——米拉（基督教古老发源地之一，位于今土耳其境内）。圣尼古拉曾是当地基督教的主教，在某些国家被认为是圣诞老人的原型。

　　圣尼古拉原名尼古劳斯，传说他曾挽救了许多孩子的性命，给家境贫寒的待嫁女孩送嫁妆。他去世后，遗体被一伙商人带到一艘无人驾驶的帆船上，并奇迹般地平安抵达巴里港。为了纪念这位伟大的东来圣人，巴里人民以圣尼古拉的名义建立了一座教堂。

　　在欧洲中世纪时期，圣尼古拉被认为是学童们的守护神，每年的12月6日，许多讲德语的地区会举办各种纪念他的庆典。在那一天，孩子们翘首盼望着身着红衣的圣尼古拉，乘坐驯鹿拉着的雪橇从天空中飞来，给他们送来礼物。

　　在欧洲各国的历史传说中，从不缺乏在每年年末为孩子们赠送礼物的各类神祇形象。比如在北自斯堪的纳维亚半岛、南至意大利弗留利地区的广阔区域里，一位肩披金黄长发、头戴繁星花环的姑娘——圣露西，会在每年的 12 月 13 日出现，给孩子们赠送礼物。每年的 12 月 25 日，也是基督教传统中的圣诞节这天，圣诞老人会在平安夜里，将礼物偷偷藏在孩子们事先准备好的一只袜子之中。

在俄罗斯，圣诞老人也被称为冰雪老人。而在西班牙地区，传说在圣诞节到来的时候，随之而来的还有著名的东方三博士，为了不让他们的骆驼挨饿，人们至今保留着在门前准备一束青草的传统做法。

每年的 1 月 6 日是基督教的主显节，这一天，贝法娜女巫跨骑着一根扫帚，把礼物放进挂在壁炉上的袜子里。传说好孩子会收到糖果，坏孩子只有煤球，但在心地善良的贝法娜看来，天真无邪的孩子永远不会变坏，因此她送出的都是糖果。

"欧洲之父" 查理大帝

法国，742—814年

742 年，法兰克王国的王室里诞生了一个男孩，这个男孩长大后，身材魁梧，精力过人，野心很大，成为典型的中世纪骑士。后来，男孩继承了父亲的卡洛林王朝，带领大军东征西讨，进行大规模的领土扩张战争，统一了大半个欧洲。这个国王就是后来的查理大帝，他被后世尊称为"欧洲之父"，也就是我们平时玩的扑克牌，红桃 K 上面的人物原型。

查理大帝是一位很有作为的君主，他不仅文治武功显赫，而且也注意发展文化教育事业。早期的法兰克人没有自己的文字，因此法兰克人所阅读的文字通常都是罗马帝国遗留下来的古典拉丁文。这种文字本身就极难辨认，再加上当时全国基本上只有教会教士和王室成员才有机会接受教育，因此法兰克人的"文盲率"一直居高不下。为了改变这一状况，查理大帝对文字进行了改革，首先便是规范了一些语法，他还要求法兰克人规范书写文字的格式：在书写时，每个字句的开头字母要大写，结尾用句号，并且在短句与短句之间要有空隙分隔……查理大帝广开学校，聘请知名学者讲学，搜集和抄写古代拉丁文和希腊文的手稿。他们抄写时用的是卡洛林小草书体，这是一种清秀优美的字体，后来稍加修改一直沿用至今。在查理大帝的治理下，当时所有的适龄儿童，不论家境贫寒或是富贵，都有机会在自己家附近的教堂中学习基础的读写知识。

799 年，在教皇利奥三世的主持下，查理被加冕为"伟大的罗马人皇帝"，法兰克王国也发展成为涵盖欧洲大部的查理曼帝国。出于对查理大帝的敬佩和欣赏，当时与天主教会势如水火的穆斯林国家首脑哈伦，为了表示自己对查理大帝深深的崇敬之情，除向他赠送了一头白象外，甚至破天荒地允许基督徒朝圣者去耶路撒冷朝拜耶稣的圣墓。

腓特烈二世

意大利西西里，1194—1250年

1197 年，腓特烈 3 岁，因父亲溘然离世，他成了西西里国王。他的祖父是"红胡子"腓特烈一世，来自德意志；他的母亲康斯坦丝皇后，则来自意大利的西西里。小腓特烈继位后，他手握实权的母亲把许多心术不正的朝臣赶走了，就连身为摄政王的托孤大臣马克瓦尔特也被她解雇了。

小腓特烈自小游逛于巴勒莫的大街小巷中，和同龄孩子们打成一片，接触了许多来自不同地区的玩伴，学到了很多东西。他长大后能流利地运用包括拉丁语在内的 7 种语言，其中他的阿拉伯语说得比德语还要好。

小腓特烈 7 岁那年，马克瓦尔特绑架了他。小腓特烈用自杀相威胁，马克瓦尔特才不得不放了他。14 岁时，腓特烈正式登基亲政。这位身材矮壮的青年，有着一双碧绿的眼眸，一头引人注目的红发。他继承了祖父腓特烈一世好战的基因，一生最大的乐趣，除了驯养猎鹰外，便是统率士兵征战疆场。1212 年，年仅 18 岁的腓特烈从西西里启程前往德意志，并于 3 年之后在

德国亚琛大教堂正式加冕为德意志国王。26 岁时，年轻的腓特烈登上了查理大帝留下的皇位，并于当年 11 月，在教皇洪诺留三世的见证下，腓特烈二世在罗马被加冕为神圣罗马帝国皇帝。

腓特烈二世与十字军东侵

近东[7]，11—13世纪

　　他，头顶西西里王国和神圣罗马帝国的两顶皇冠，风光无限；他，爱好洁净，坚持每日沐浴，在世人看来简直不可思议；他，为了获得耶路撒冷国王的头衔，迎娶了当时的耶路撒冷女王约朗德；他，勇于挑战世俗的目光，主动与马利克苏丹达成协议，和平解决了基督教徒前往圣地耶路撒冷等地朝圣的问题。他便是鼎鼎大名，被后世称作"王座上第一个近代人"的腓特烈二世。

　　在腓特烈生活的年代，

历次十字军东侵运动正如火如荼地开展着，其目的只有一个——拿起手中的刀剑，占领穆斯林统治下的耶路撒冷。参加东侵运动的战士，因常在胸前缝制一个代表耶稣基督的十字架，以表明自己的信仰与身份，也被称为"十字军战士"。然而，就是这群以博爱为名的基督徒，却干尽了各种肮脏的勾当，包括劫掠、屠杀异教徒等。直到 1228 年开始的第六次东侵运动后，双方之间才开始出现和平的曙光。腓特烈二世并没有和敌方在战场上交锋，而是通过谈判换回了耶路撒冷。在谈判的时候，腓特烈二世因为精通阿拉伯语，没有借助翻译，直接和苏丹的大臣一边下棋一边谈，最终谈判成功。

圣 杯

英国，1027—1087年

　　在早期的基督教传说故事中，亚利马太的约瑟夫是耶稣的忠实信徒。在罗马军官朗基努斯用长矛插入耶稣侧面的腹部时，约瑟夫拿起耶稣在最后的晚餐中用过的酒杯，承接他流出的血液。从此以后，这个酒杯被基督教徒视为圣杯。

　　约瑟夫曾命人专门制作了一张有 13 个座位的圆桌。圆桌制作完成后，他将圣杯放在桌子中央，并用一张亚麻布盖了起来，以防任何居心叵测的小人玷污圣杯。然后，围绕圆桌摆放了 13 张椅子，其中一张是为叛徒犹大 [8] 专门准备的，因此这张圆桌边的椅子从来没有被人坐过。

　　很多年以后，没有人知道这张极富神秘色彩的圆桌和那盏圣杯在哪里。直至亚瑟王 [9] 结婚时，王后桂妮维亚从父王那里带来了一张圆桌作为嫁妆，这张圆桌便是当年约瑟夫用来放置圣杯的那张桌子。然而圣杯并没有随同圆桌一道出现。亚瑟王便派手下的骑士去寻找这神秘的圣杯。经过多年追寻，一位名叫加拉德的骑士在海边的一座城堡中发现了圣杯的踪迹。据说，当他往圣杯里看时，就和圣杯一起消失了。

据传，"征服者威廉"[10] 在位时，曾命令手下人找来一张有 24 个座位的大圆桌，并坚称这便是来自约瑟夫时代的那个老物件。在他之后近百年，法国国王奥古斯特宣称，所谓亚瑟王的故事不过是由法国查理大帝的故事改编而成的。

关于圣杯的下落众说纷纭，目前在欧洲便大约有 200 个古酒杯被认为可能是传说中的圣杯。而其中最著名的要数那盏安放在意大利圣老楞佐教堂中，带有裂痕的绿色玻璃酒杯（也称"热那亚圣杯"）了。

狮心王理查

英国，1157—1199年

  理查一世是金雀花王朝的第二位英格兰国王，因其非凡的勇气和卓越的战功，被后世尊称为"狮心王理查"（也有传说是因为他曾徒手从狮子口中掏出了狮子的心脏而得此名）。理查执掌英国时，便着手联合法国国王奥古斯特和德国的神圣罗马帝国皇帝腓特烈一世，准备举兵讨伐"霸占"着圣城的穆斯林教徒们。然而正当理查准备出发东侵之时，腓特烈一世却意外溺水身亡。得知此事的法王奥古斯特也打起了退堂鼓。不过，理查还是依照先前制定的计划，发动了著名的第三次十字军东侵。当理查和随从踏上西进归途之时，当时的欧洲充满了对他不利的谣言。理查一行人只好化装成僧侣，却还是在维也纳附近被人识破，从此理查成了德皇亨利六世的囚徒。理查的弟弟约翰在得知哥哥被俘后密谋发动叛乱，夺取王位和政权。传说一群聚义于舍伍德森林，以罗宾汉[1]为首的绿林好汉，在筹足了巨额的赎金后，终于将理查救出。而谋逆叛乱的约翰只得乖乖投降，祈求哥哥的饶恕。

成吉思汗

中国，1162—1227年

　　蒙古大汗也速该遇害身亡后，留下了3位妻子和7个子女，其中一位妻子育有5名子女，大儿子铁木真便是后来的成吉思汗。得知噩耗的小铁木真当时正身处未来岳父的部落中，他二话不说扭头便策马奔驰，回到了母亲的蒙古包。也速该死后，铁木真母子、兄弟被部落抛弃，在苍茫的蒙古草原上流浪。然而，饱经风霜摧残和族人欺辱的铁木真，没有向这残酷的世界低头，他和弟兄几人共同联手对抗外敌，很快便形成了一个人多势众的部落。羽翼逐渐丰满的铁木真回到弘吉剌草原上，迎娶了美丽的孛儿帖公主，因为他从未忘记与未婚妻的约定。随着时间一天天过去，青年铁木真表现出来的统帅气质，吸引了本部的族人和其他部的族人前来投奔。这些投身铁木真麾下的勇士，英勇善战、无所畏惧，组成当时世界上最强的骑兵部队。他们在铁木真的带领下，身骑战马，手持利刃，征服了广袤的蒙古草原和草原之外的各国，其疆域甚至囊括了今天的俄罗斯、伊朗和阿富汗等国。

圣方济各

意大利，1182—1226年

　　方济各出生于800多年前的意大利古城阿西西，初次受洗礼时被教父称作约翰。因为他的母亲来自法国普罗旺斯地区，后来改名为方济各。在当地方言中，"方济各"与"法国人"一词同音。方济各生性活泼，他最喜欢依偎在母亲身旁，听她讲述那来自遥远法兰西贵族骑士的冒险故事。在这些故事的激励下，方济各从小便树立起成为一名光荣骑士的理想，致力于锄强扶弱。

　　但方济各没有成为骑士，他只是一个布料商人彼得的儿子，自小被束缚于布料店的生意之中。方济各不满足于庸碌的生活，有一天，他无意中在《圣经福音书》中读到了一则故事：一位家财万贯的年轻人来到耶稣身边，向他请教如何才能在死后升入天堂。耶稣告诉他，首先要做到爱人如爱己。年轻人忙不迭地回答说，这一点他早已做到了。耶稣随即要他将自己的财富毫无保留地捐献出去，帮助有需要的穷人。对于这个要求，年轻人做不到，只好垂头丧气地走了。

受此启发，年轻的方济各将家中的财物取出来，一一分发给风餐露宿的穷苦人。他将父亲为自己东征途中准备的一副铠甲，慷慨地送给了一名素未谋面的没落贵族。他还将父亲店里最名贵的一块布料，毫不犹豫地送给了路过门口的一名乞丐。此外，他还用父亲的钱雇人修复了当地一座年久失修的小礼拜堂。他的举动获得了无数人的赞誉，受到鼓舞的方济各更是一发不可收。他的父亲彼得再也无法忍受儿子近乎疯狂的"败家之举"，下狠心将他逐出了家门。从此以后，世界上多了一位为公献身、服务穷苦的至圣伟人，他就是阿西西的圣方济各（圣方济各是方济各的圣名）。

儿童十字军

德意志，1212年

在欧洲的中古历史中，曾经发生了多次以攻占耶路撒冷为目标、与伊斯兰教信徒相对抗的惨烈战争，史称"十字军东侵"。在前 4 次东侵中，基督徒都没捞到什么好处，反而被大批穆斯林打得丢盔弃甲。这时，有一位名叫尼古拉的德国小男孩宣称，耶稣曾给他托梦，告诉他要打赢这场战争，唯一也是最后的希望，便是那一个个心灵纯洁、手未沾血的孩子。

在小尼古拉的率领下，30000 名少年儿童不顾科隆主教希望他们回家的殷切请求，从科隆市（德国第四大城市）出发，一路向南。他们翻山越岭，历尽千辛万苦，最终疲惫地来到了热那亚港。他们要求热那亚人准备好船只和粮食，好让他们得以越过地中海。幸运的是没有一艘船愿意送他们东侵。

与此同时，一位名叫艾蒂安的 12 岁法国少年声称自己是一位有"灵性"的"先知"，并成功蛊惑了 30000 名法国儿童跟随他前往圣城。当他们行进到马赛港时，也提出了和小尼古拉一样的要求。"幸运"的是，他们获得了马赛当地人的"支持"，后者立刻为他们准备好七艘战船，首批搭载了1000名儿童十字军，其余的孩子们则在岸上热泪盈眶，向船上的同伴挥手致意，祝愿他们早日平安归来。然而，七艘船中的两艘出发不久，便在狂风暴雨中被汹涌的大海吞没了。而其余的五艘战舰，虽安全越过地中海，并在突尼斯地区顺利登陆，但迎接他们的，却是撒拉逊人锋利的长枪短剑。这些可怜的孩子们从此过上了男奴女婢的悲惨生活，客死他乡。

几百年后，有两位德国童话作家，以一则名为《花衣魔笛手》的故事，隐晦地提起过这段惨痛的历史。

百年战争

法国，1337—1453年

公元 14 世纪的早期至 15 世纪中叶，英吉利海峡两岸战火绵延。一方是英国国王爱德华三世，他声称自己拥有法国王室血统，有权继承法国王位。另一方是法国国王腓力六世，他认为英王的所谓法国王室血统来自母系亲属，没有继承权。而英王马上回击说，腓力六世继承法国王位也不是名正言顺，因为他的父亲不是长子。两人一言不合，便动起武来了！这场"英法百年战争"持续了 100 余年。

当战争进入到 15 世纪初时，当时的法王查理六世癫痫病突发，英格兰国王亨利五世趁法国虚弱之机，于 1419 年占领了整个法国北部。在经历了一连串的惨败和重大打击后，查理六世除了被迫剥夺其子夏尔的王位继承权，将王位转让给亨利五世外，还不得不眼睁睁看着女儿凯瑟琳远嫁英格兰。

查理六世死后，亨利五世正式加冕为法国国王。而查理七世感到复国无望，准备宣布放弃法国王位。这时，一位女孩三次求见查理七世。为了让查理七世重拾战斗的勇气和信念，她声称自己得到"神的启示"，并坚称查理七世王室一系，出自伟大的墨洛温大神，享有至高无上的王权，理应夺回大权。

就是在这一强大信念的支撑下，女孩和她领导下的民众取得了一系列不可思议的胜利，扭转了整场战争的被动局面。这位平常的农家少女，成为一个拯救法国的英雄，她就是被法国人民千古传颂的奥尔良姑娘——圣女贞德。

法国国王　　英国国王

麦 哲 伦

葡萄牙，1480—1521年

600多年前，西班牙和葡萄牙这两大海上强国争夺世界霸权，教皇亚历山大六世为了避免双方大打出手，出面调停，明确规定了双方的势力范围：以子午线为界，西边归属西班牙，东边归属葡萄牙。

但在两国已探明领域的远东以东和美洲以西之外，这个世界到底是怎样的呢？两者之间果真如地圆学说者坚持认为的那样，能够互航交通吗？

为了探明那片神秘的领域，更为了扩张自己的势力版图，西葡两国又展开了激烈的竞争。这一次，财大气粗的西班牙决定雇佣来自葡萄牙的著名探险家、航海家麦哲伦一探究竟。1519年，当时年近40岁的麦哲伦率领由5艘西班牙大帆船（"维多利亚"号、"圣地亚哥"号等）和200余名船员组成的船队，从塞维利亚起锚向西南进发。他们一行人穿越大西洋，于当年圣诞时节来到了炎热的巴西。离开巴西以后，麦哲伦一行人抵达美洲南端的"巨人之地"巴塔哥尼亚[12]。麦哲伦的船队发现了美洲最南端的连接大西洋和太平洋的航道，后来人们便以船队首领麦哲伦的名义，将其命名为"麦哲伦海峡"。作为抵达此处的首批欧洲人，他们第一次看到了企鹅。

1522 年 9 月 6 日，这支极富传奇色彩的环球船队只剩"维多利亚号"带着 18 名船员回到西班牙。早在一年前，麦哲伦在与菲律宾土著的争端中被杀身亡，无法亲眼见证这一伟大的荣光时刻。幸运的是，当时船队中有一名意大利学者皮加费塔，他写的航海日志真实记录了这段环球航行。

伽 利 略

意大利比萨，1564—1642年

　　1564年，伽利略在意大利的比萨出生。他学习成绩优异，也许还擅长荡秋千。伽利略25岁时，被聘为比萨大学数学系讲师。

　　1583年的一天，年轻的伽利略正在比萨大教堂参加一场重要的宗教仪式。然而，他的注意力被一位正在向油灯里注入灯油的修士吸引了。只见那位修士加入灯油后，驾轻就熟地转动起一套连接油灯的滑轮装置，将灯吊挂到高高的穹顶上。伽利略发现，在吊挂过程中油灯左右摇晃，摆动幅度渐渐变小直至停下。面对眼前众人习以为常的景象，伽

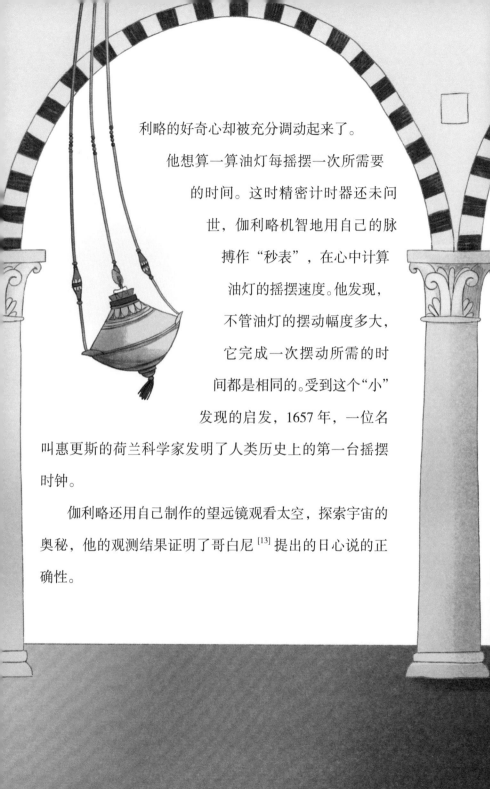

利略的好奇心却被充分调动起来了。

他想算一算油灯每摇摆一次所需要的时间。这时精密计时器还未问世，伽利略机智地用自己的脉搏作"秒表"，在心中计算油灯的摇摆速度。他发现，不管油灯的摆动幅度多大，它完成一次摆动所需的时间都是相同的。受到这个"小"发现的启发，1657 年，一位名叫惠更斯的荷兰科学家发明了人类历史上的第一台摇摆时钟。

伽利略还用自己制作的望远镜观看太空，探索宇宙的奥秘，他的观测结果证明了哥白尼 [13] 提出的日心说的正确性。

帕斯卡尔

法国，1623—1662年

　　数学是人类生活不可或缺的一个组成部分。在刀耕火种的原始时期，人们便会运用手指进行简单的数学运算。在古罗马时期，人们以小石块为数量单位进行计算。12世纪，欧洲天主教修士发明了最早一批由转动齿轮带动的钟表。一位来自法国的天才数学家帕斯卡尔受到启发，便开始思考如何利用钟表工作的原理，来设计一种方便运算的机器。

　　帕斯卡尔3岁那年，他妈妈就去世了，他由身为税务员的父亲独自照顾。父亲要为计算数目庞杂的税额而通宵达旦地工作，帕斯卡尔决定要为父亲做点儿什么。

　　经过反复试验，在帕斯卡尔17岁那一年，他终于成功研制了一台被后世称为"帕斯卡林"的机械计算器。它是法国的第一台机械计算器，同时也是欧洲历史上的首批计算器之一。

　　"帕斯卡林"计算器共有8个可移动的刻度盘，底座上分列6个转轮（与早期电话上的转轮外观相似）和6个对应的"小窗口"，分别代表个位、十位、百位、千位、万位和十万位，因此这款计算器可以算出最多6位数的加减结果。拨动转轮就可以进行加减运算。帕斯卡尔的这一发明，不仅大大减轻了父亲的工作压力，甚至还传至法国国王路易十四的宫中，引起王公大臣们的极大兴趣。为了鼓励帕斯卡尔继续进行发明创造，路易十四甚至特批授权他生产了50台以他名字命名的"帕斯卡林"计算器。帕斯卡尔还将3个计算器分别送给了瑞典皇后、贡扎加女爵和伦敦皇家学会。

1654年11月的一天，帕斯卡尔乘坐马车出行，不慎跌入塞纳河中，差点儿丧命。此后不久，帕斯卡尔便决定退出数学研究领域，投入到哲学思考之中。

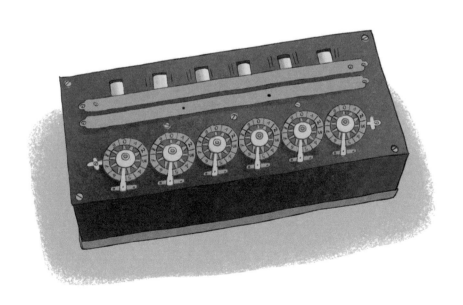

帕潘和瓦特

法国，1647—1714年

苏格兰，1736—1819年

　　当锅里的水烧开，锅盖就会哐当作响，水蒸气就会从锅中溢出。然而，千百年来没有人知道，蒸汽中蕴藏着一股巨大的力量，在一定条件下，甚至超过了狂风暴雨所能产生的强度。

　　1629年的一天，一位名叫乔瓦尼的意大利人，在意大利小城佩萨罗，发明了一台由锅炉产生的蒸汽推动的小型"风车"。数十年以后，一个名叫帕潘的法国人发明了第一艘用蒸汽机做动力的内河轮船，并将其驶到德国的富尔达河河面上。当地船工害怕这个吐着蒸汽驶来的"怪兽"会抢了他们的饭碗，于是群起攻之，不仅将船拆得七零八落，还狠狠地将帕潘羞辱了一番。就这样，蒸汽机的研发工作被搁置下来了。

　　1757年，一名居住在苏格兰格拉斯哥的工程师，偶然之间得到了一个帕潘蒸汽机的微缩模型，并在其基础上进行了一系列改进，从而保证了蒸汽机运行的稳定性与安全性。他便是被后世尊为"蒸汽机之父"的发明家瓦特。为了纪念他所做的巨大贡献，世界各国用他的名字命名功率单位，如同度量长度的"米"和衡量重量的"克"一样，"瓦特（简称'瓦'）"成为测量功率的代名词，沿用至今。

库克船长
英国，1728—1779年

　　詹姆斯·库克，1728年出生于英国约克郡的一个贫苦家庭，双亲都是穷苦的农民，他从小吃卷心菜、胡萝卜、洋葱等各式蔬菜长大。库克在17岁那年，进入了船运煤炭这一行业，并在每日艰辛的劳动之余，学会了基本的航海技能和绘制海图的本领。27岁时，库克进入英国皇家海军服役。

　　库克40岁时，上级命令他在1769年6月3日前到达位于南太平洋海域的塔西提岛，目的是观测由英国天文学家哈雷[14]所预测的金星凌日，而塔西提岛正是三大观测点之一。只可惜，当库克率领船队准时到达指定地点时，哈雷所预测的金星凌日现象并未发生。

　　库克船长一行除了观测天体现象以外，还有另外一个重要的任务，那便是寻找欧洲人梦寐以求的所谓"南方大陆"（即南极洲）。库克船长一行发现了澳大利亚大陆和新西兰岛，以及位于澳大利亚东北沿岸的大堡礁。但不幸的是，其船队在此遭受重创，几乎完全丧失了回程的能力。后来，他们一行人带着

残破的船队，来到了位于太平洋中部地区的夏威夷群岛，没成想这里成了库克船长的葬身之地。

作为一名伟大的航海家，库克船长被人们誉为"水手之中的水手"。他最为人称道的贡献就是在远航中向船员提供了新鲜的蔬菜水果，防止了船员们患上可怕的坏血病，使他们始终保持健硕的身体和昂扬的斗志，扬帆远航。

莫扎特
——用鼻子弹钢琴的音乐天才
奥地利，1756—1791年

    莫扎特是世界上最著名的音乐家之一，他在 18 世纪中叶出生于奥地利帝国的萨尔茨堡市。这位音乐神童出身音乐世家，父亲是一名宫廷小提琴师，姐姐则擅长弹奏古钢琴。有一天，父亲正耐心地向姐姐讲解如何弹奏一首乐曲，莫扎特也在一旁仔细地聆听父亲的教导。只过了一会儿，他便坐上了姐姐的琴凳，将这首复杂的曲子弹奏了出来。父亲大吃一惊，随即决定将这个具有超高音乐天赋的孩子带在身边，一有机会便让小莫扎特向欧洲各地的王公贵族演奏。6 岁的小莫扎特很快就成了王宫的常客，并受到英、法等各国皇室的钟爱。

    据说，莫扎特曾创作过一段特别难弹奏的钢琴曲，按照乐谱，两手分别弹奏钢琴两端的琴键时，演奏者还需要在钢琴中间奏出一个音。他的老师——伟大的作曲家海顿认为这个音是无法弹奏出的。然而，当弹到那个音符时，莫扎特竟然异想天开地弯腰用鼻子压下了钢琴中间的琴键！

拿破仑

法国，1769—1821年

　　拿破仑出生于法国的科西嘉岛，小时候就着迷于各类战争游戏，小木剑、木制军鼓和那些画在城墙上的士兵涂鸦，成了他童年时光中最亲密的伙伴。

　　在拿破仑10岁那年，他被父亲送至军校，开始接受军事教育。几年后，拿破仑在一次城防演练课上，攻克了久攻不下的城堡。

　　法国大革命于18世纪末爆发。1793年，年轻的少校拿破仑统兵击败保王党势力和英军，获得土伦战役的胜利，显示出非凡的军事指挥才能和战斗技能。拿破仑因此受到了当时法国军界高官们的赏识，24岁便获得准将军衔。两年后，他率领部下成功镇压了一场发生于巴黎的暴乱行动。这次战役后，他被提升为陆军准将兼巴黎卫戍司令。

　　拿破仑35岁时在著名的巴黎圣母院大教堂中加冕为王，史称"拿破仑一世"。对内他多次镇压反动势力的叛乱，对外他率军打赢五十余场大型战役，创造了一系列军政奇迹与短暂的辉煌成就。

美国独立的故事

美国，1776年

　　1492 年，在哥伦布的率领下，首批欧洲人来到了美洲大陆。100 多年以后，欧洲的英国岛民，为了过上理想中美好的生活，踏上前往美洲大陆的旅程。

　　第一批来到美洲的英国人主要由投机者构成，他们来到弗吉尼亚，一心只想发大财。仅仅用了 4 年左右的时间，他们便成为一个个财大气粗的烟草大亨，快速实现了他们的梦想。在这之后，又有一批英国人长途跋涉来到了这片大陆，他们主要由在英国本土受到迫害的宗教人士组成，躲避迫害是他们逃往美洲的主要原因。他们及其后代主要聚居于今天的马萨诸塞州一带。后来，一批贵格教派（也称教友派）的信众来了，他们在威廉·潘的领导下，定居在一处被称为"潘的树林"的地方，即今天的宾夕法尼亚州一带。在这之后，被允许重新开始生活的强盗、重刑犯、破产者，也搭上了前往美洲的航船，并来到今天的佐治亚州一带定居下来。

　　不久之后，美洲的英国殖民地从 4 个迅速扩展至 13 个，这里的人们随之产生了独立的想法。经过多年努力，他们成功地让梦想照进了现实，1776年《独立宣言》的签署与公布标志着北美洲13个英属殖民地自此独立。

负责《独立宣言》起草工作的美国政治家杰斐逊，当时年仅35岁，后来他成为美国第三任总统。杰斐逊身材修长，一头红发，双眼炯炯有神。虽然他的穿着比较随意，不大注重修饰打扮，但他有一个兴趣广泛的有趣灵魂。杰斐逊涉猎广泛，除政治学外，多年来他还研究建筑学、博物学、音乐，爱好写作，甚至红酒品鉴。此外，作为一名大庄园主的后代，他为人和善，从不虐待手下的200余名奴隶。杰斐逊拿起羽毛笔写道，殖民地希望独立，这样人们就能生活在一个人人平等的新世界，每个人都有生命权、自由权和追求幸福的权利。

人权宣言
法国，1789年

  在法国巴黎的巴士底广场上，曾有一座与广场同名的监狱，被人们称为"恐怖的巴士底狱"。监狱里面关押的不是小偷和杀人犯，而是一些意见和国王不一致的人。如果你是一个生于当时的小孩，你的父亲可能会让你保持沉默，不要乱说话，因为担心隔墙有耳，万一你说了什么反对国王的话，被听见了，可能就会被抓去坐牢。

  关于这座恐怖的监狱，当时流传着很多传说。有的说里面关着一个戴着铁面具的人，因为这个人是国王的孪生兄弟，国王担心他会抢王位，就让他一直戴着铁面具，好让别人认不出来；还有的说，当时著名的思想家伏尔泰，因为追求言论自由也被关在里面 3 年之久；被关押在巴士底狱中的还有一位名为拉图德的法国工程师，他曾 3 次越狱都被抓回，他在这座监狱中服刑长达 28 年。

  在高压统治下生活的巴黎人民不堪重负，他们勇敢地拿起武器，一举冲入代表封建专制统治堡垒的巴士底狱监牢，随后夺取了整个巴黎，把以法王路易十六为代表的王公权贵送上了断头台。不久，他们于 1789 年 8 月 26 日颁布了载入史册的《人权和公民权宣言》（简称《人权宣言》）。

巴士底狱砖

法国，1789年

　　1789 年 7 月 14 日，在法国革命民众群情激昂的冲击下，巴士底狱终被攻占，从此拉开了法国大革命这场轰轰烈烈斗争的帷幕。在那个渴望自由、平等与博爱的时代里，巴士底狱这座始建于 14 世纪的城堡，作为封建王权的象征，是革命的众矢之的。

　　这座城堡的拆除工作，交由当时一位名叫帕劳瓦的巴黎建筑商人负责。让人意想不到的是，这位"富有生意头脑"的年轻人，不仅顺利完成了巴士底狱的拆除工程，还将拆卸下来的监狱砖石作为大革命的纪念物品向外兜售，从中牟取暴利。前来排队"搬砖"的顾客实在太多了，帕劳瓦很快就将手中的存货一售而空。看着自己这无本生利的砖头生意如此火爆，"精明"的帕劳瓦又心生一计。他不知从何处弄来了一大批砖头，在每块砖上打上巴士底狱标志的浮雕烙印，冒充真的砖块。他还积极拓展市场，将这些"革命砖头"运到城郊市集上，继续干起他骗人的买卖。

这些拙劣的伎俩很快就被人看穿了，有人揭发了帕劳瓦的骗局。他理应被关进监狱，但是，这位搬起石头砸了自己脚的"精明"生意人还没迈入牢房大门，就命丧断头台了。

巴士底狱砖

巴贝奇
——现代计算机的鼻祖

英国，1791—1871年

　　查尔斯·巴贝奇，1791年出生于英国一个富有的银行家家庭，他设计了一台用蒸汽推动的分析机（现代计算机的前身），因此被誉为"现代计算机的鼻祖"。

　　巴贝奇对数学抱有极大的热情。他进行代数运算时，曾多次使用由帕斯卡尔1640年发明的"帕斯卡林计算器"，每次运算都需要自行输入数字并且转动摇把一次才能得出结果，可以说相当耗时费力。

　　有一次，巴贝奇无意之中来到了一座纺织厂，他很快便被眼前一台"自动工作"的纺织机吸引住了。只见那台轰隆作响的机器，在一张张带有产品样式与色彩信息打孔卡的"指挥"下，"自行"织出了一件件颜色漂亮、图案精致的提花毛衣，整个过程不需要任何形式的人工干预。

　　受此启发，巴贝奇马上产生了研制一台以齿轮为元件、蒸汽作动力的"自动计算器"的想法，于是他很快动起手来。巴贝奇为该机器的设计和研制耗尽了毕生精力，但因为生产力有限，无法做出所需的高精度零件，他理想中的自动计算器即分析机终究未能面世。最终，英国政府停止对这个项目的资助，巴贝奇多年倾心的事业将付诸东流，他不禁流下了泪水。

然而，值得一提的是，巴贝奇未竟的事业，在 100 多年后的德、美两国终于实现，并将全人类带入了第三次工业革命的新纪元。

安 徒 生

丹麦，1805—1875年

　　过往的美好时光总会让人缅怀，有些人便总想回到过去。19世纪，丹麦儿童文学家安徒生在他的作品《幸运的套鞋》中，对这类"怀古人士"进行了入木三分的刻画和描写。

　　在这个故事里，有一位司法官认为，中世纪（公元5世纪后期到15世纪中期）的丹麦远比他所生活的年代要好得多。有一天，司法官在晚会上发现了两位仙女，其中年轻的那位是替幸运女神传送幸运礼物的使者，而外表庄严的另一位则是忧虑女神，她事必躬亲，因为她总不放心将工作交由别人去办。

　　那一天，正好是幸运女神的使者的生日，为了庆祝生日，她要将一双幸运套鞋送到人间。这双神奇的套鞋有一种特殊功能：任何人穿上它，便马上可以到他最喜欢的时空去。这时，司法官醉眼惺忪地来到了前厅，只见他弯下腰，准备穿上自己的鞋子后便径直回家，但他误打误撞，竟穿上了仙女留下的套鞋。

　　一路朝着东街走去的司法官竟踩着了泥泞和水坑，而且他发现周围过往的行人竟都穿着古时候的衣装。原来，穿着神奇套鞋的司法官，穿越时空回到了他念念不忘的"黄金时代"。而对此一无所知的他，正为找不到回家的路而惆怅不已，后来竟跌跌撞撞地来到了一家啤酒店。在那儿，受尽屈辱的司法官最终丢掉了"中世纪丹麦"一切都美好的幻想，他只想快点逃离。正当他想要钻进酒桌底下，偷偷从门口溜出去的时候，有人发现了他。随即，大家七手八脚地抱住了他的双脚，在一团混战之中，不知谁竟将他的一双套鞋扯掉了。司法官这才得以回到自己生活的时代。

加里波第

意大利，1807—1882年

　　朱塞佩·加里波第是意大利民族解放运动的领袖，19 世纪初，他出生于地中海沿岸城市尼斯，他的父亲是一名海军军官。在父亲的影响下，比起坐在课桌前学习，加里波第更喜欢在浩瀚的大海上乘风破浪。

　　加里波第 15 岁时登上了一艘周游世界的轮船，并在与海盗的不断博弈中，渐渐成长为一名合格的海员。10 年后，年轻有为的加里波第升任船长。后来，加里波第因发表支持意大利统一的言论被判了死刑，无奈之下他只好只身逃往拉丁美洲。

　　加里波第曾多次表示，自己对战争极度厌恶。然而，为了同胞的自由和祖国的解放，加里波第坚毅地举起了手中的武器，亲自领导了许多战役。后来，威名远播的加里波第却不图求功名，选择在一座名为卡普雷拉的小岛上隐居。

梅乌奇——电话之父
意大利佛罗伦萨／古巴，1808—1889年

安东尼奥·梅乌奇出生于意大利佛罗伦萨市。梅乌奇曾就职于佩尔戈拉剧院，担任舞台技工，后在美国的斯塔滕岛开办了一家小型工厂，他与加里波第等人一起，设计生产了许多饰以意大利国旗颜色的小蜡烛。在工作闲暇之余，梅乌奇为了增加收入，改善居住条件，开始对自己很感兴趣的电生理学进行研究。不久，他研究出一种使用电击疗法治疗关节疼痛的方法。有一天，在使用电击法为友人治病时，梅乌奇发现，将两个房间的一根电线连接时，能听到另一个房间里朋友的声音，于是开始了"会说话的电报机"的研究。

当时由于妻子长年卧病在床，为了方便联系，梅乌奇便通过一个通话系统把妻子的卧室和自己的工作室连接了起来。1860年，梅乌奇向公众展示了这个系统，并在纽约当地的意大利语报纸上发表了关于这项发明的介绍。由于经济拮据，梅乌奇没有足够的钱申请专利。当贝尔获得电话发明专利的时候，梅乌奇曾向法院提出诉讼，但因贫病交加而未能如愿。

达 尔 文

英国，1809—1882年

　　在达尔文 8 岁那年他妈妈就去世了，之后他便一直和父亲生活在一起。达尔文的父亲罗伯特是一名很有爱心的医生，同时也是对孩子要求很高的慈父。达尔文从小醉心于收集石头、昆虫、树叶和贝壳等，常借口身体不适，逃学游玩于乡野、森林之中。面对自己这个"不学无术"的儿子，罗伯特并未放弃，并在 1826 年将儿子送入爱丁堡大学。他希望达尔文能秉承父志，毕业后成为一位医术高明的医生。

　　遗憾的是，达尔文一看到血就受不了，如果让他去做手术，他就会忍不住呕吐。无奈之下，罗伯特只能退而求其次，在儿子 18 岁成年之时，将他送入剑桥大学学习神学。然而，来到剑桥后不久，达尔文又找到了一个让他逃学的绝佳理由，那便是"令他作呕"的数学课。然而庆幸的是，在这里达尔文结识了一位好朋友——一位植物学教授，后来这位教授也成了影响他一生的引领者。有一天，深知达尔文对自然有着浓厚兴趣的亨斯洛教授，给他介绍了一份适合他的工作。一艘船即将启航进行环球旅行，需要一名擅长辨别各类石头、昆虫、植物和贝壳的博物学家。机缘巧合，达尔文踏上了环球之旅。

达尔文原本以为航行会一帆风顺，自己再也不用面对那些令他"呕吐"的学科了，没想到海上航行波涛汹涌，船颠簸得让他腹内翻江倒海。经过近十日的海上煎熬后，达尔文终于渐渐习惯了艰苦的海上生活，并开始全身心地投入到自己盼望多时的博物学研究之中。

正是这位在学业上曾无数次让父亲伤透心的年轻人，创立了科学的生物进化学说，提出了以自然选择为核心的达尔文进化论。

狄 更 斯

英国，1812—1870年

　　查尔斯·狄更斯出身优渥，然而，他的父亲长年开支无度，欠下巨额债务，导致被捕入狱。作为家中长子，狄更斯虽年仅12岁，却不得不担负全家生活的重任。他被迫辍学，在一家鞋油作坊找了份差事。在那段备受煎熬、困顿的日子里，他每天工作10多个小时，给一瓶瓶黑鞋油封口并贴上商标。最让他难以忍受的是，他要像小丑一样，坐在鞋油店橱窗前像个活广告那样干活，被过往路人指指点点。这样的艰苦日子，狄更斯足足熬了3年。他的父亲终于出狱了。出狱后，父亲让辍学多年的查尔斯重返课堂，学习科学文化知识。

　　这段痛苦的童年经历，为狄更斯后来创作《大卫·科波菲尔》提供了大量的素材，而小说中的主角科波菲尔，其实就是以他本人为原型创作出来的。狄更斯的首部作品《匹克威克外传》面世后，获得了巨大的成功。在欧美文学界声名鹊起的狄更斯，足迹遍布欧美各国。

　　据说狄更斯睡觉时有一个"怪癖"，那便是不管身处何方，他坚持要按照头朝北脚向南的姿势入睡。他坚信睡眠质量的好坏，与地球磁场有极大的关系。所以每次出门远行，狄更斯都会随身携带一个指南针，目的是确保每次睡眠的方向正确。

利文斯顿

苏格兰，1813—1873年

在 200 多年前苏格兰的一个小镇上，许多还不到 10 岁的孩子，因为家境贫困交不起学费，只好辍学到工厂里打工。这些稚嫩的童工之中，有一个在纺织厂干活的孩子尤为引人注目。他总在纺织机里藏着几本书，一有时间便拿出来阅读一番，为此，他没少受上司的苛责。正对各类知识如饥似渴的他，在每天 10 多个小时的艰苦劳动后，还参加夜校班的学习。他便是后来成为英国著名的探险家、传教士和医生的大卫·利文斯顿。

利文斯顿在青年时代就成为一名医学传教士，原本打算去遥远的东方古国，然而，一场鸦片战争打乱了原计划，利文斯顿只好选择转向非洲大陆。在非洲逗留期间，在饱览壮丽风光的同时，利文斯顿发现当地奴隶贸易盛行，每年有将近 6 万名黑奴被贩卖到美洲。他对此痛心疾首，决定竭尽所能解救黑奴。每当在路上遇到贩卖黑奴的队伍时，他都会花重金从贩奴人手上救下黑奴。利文斯顿每到一个部落，都尽力去学习当地的语言，帮助当地黑人寻找河道，解决用水问题。此外，作为一名出色的探险家，利文斯顿还是维多利亚瀑布和马拉维湖的发现者。

凡 尔 纳

法国，1828—1905年

19 世纪初，儒勒·凡尔纳[15]出生于法国南部港口城市南特市。凡尔纳的父亲对数字非常敏感，而且有很强的时间观念，他甚至测算出孩子们每天从家走到学校需要走多少步才能到达。每天晚上 8 点 30 分，父亲便会要求凡尔纳和弟弟上床休息。不过，兄弟俩常常偷偷地在床上读各式各样的旅行与冒险故事。

凡尔纳 11 岁那年，他决定离开家乡闯荡江湖。有一天，凡尔纳偷偷登上了一艘开往印度洋的帆船。可他没想到，父亲早已识破了他的计划，把他给逮了回来。凡尔纳暗自决定，即使不能去探险，他也要用自己丰富的想象力环游世界。

有一天，平日里按部就班做着银行职员工作的凡尔纳像一个稚气未脱的孩子一样，一下便跳上了楼梯扶手，并顺着扶手一路滑了下来。没想到，当他正准备从扶手上一跃落地时，一头撞上一位尊贵的绅士。这位绅士正是《三个火枪手》的作者，当时炙手可热的法国作家大仲马。在大仲马眼中，眼前的这个小伙子很有想象力。大仲马决定帮助凡尔纳实现他的"文学探险梦"。而另一位在凡尔纳写作道路上给予他极大支持的人是他的妻子奥诺丽娜。奥诺丽娜出身富绅豪门，嫁给凡尔纳是因为欣赏他的才华。最后一位不得不提的人，则是他那对时间和数字有些过于挑剔的父亲了。为了表达对父亲的怀念之情，凡尔纳以父亲为原型，创作了著名的长篇小说《八十天环游地球》，其中的主人公福格便是一位时间观念极强的英国绅士。

卡尔·本茨

德国，1844—1929年

　　150 年前，在德国的曼海姆曾住着一个四口人的幸福家庭，可是孩子们的祖母却住在离他们 70 千米远的地方，仅靠步行到达是不可能的。那时候汽车还没发明出来，火车的票价又太昂贵。为了节省开销，一向持家有道的贝瑞塔·本茨决定带着孩子们，用丈夫卡尔·本茨于 1885 年发明的汽车，踏上看望祖母的路。

　　一个风和日丽的早晨，他们一行三人便坐上汽车朝祖母家出发了。然而，当时全世界还没有任何一辆汽车跑过这么远的路程，他们走了仅仅 10 多千米

后，车子便没油了。好不容易为车子加满油后，没走多远，汽车的传动轴却出现了故障。无奈之下，本茨太太找来了一位铁匠，经过一番敲敲打打，车子终于再次启动了。而此后出现的发动机油路管堵塞问题，被本茨太太用一根发针顺利解决了。最后，本茨太太和她的两个孩子平安到达了祖母的家中。

在妻子不遗余力的支持和亲身宣传下，人称"汽车之父"的卡尔·本茨历经多年努力，终于在1886年试制成功了世界上第一辆使用单缸发动机的三轮汽车——奔驰一号。

爱 迪 生

美国，1847—1931年

　　爱迪生出生在美国俄亥俄州的一个小镇上。据说在他6岁那年，为了试验一下"火的威力"，他竟点着了家里的马厩。12岁的时候，爱迪生获得了一份在列车上卖报纸的工作。他辗转于密歇根州的休伦港和底特律之间，一边卖报，一边兼做水果、蔬菜生意，只要有空他就到图书馆看书。后来，他买来一架旧印刷机，开始出版自己的周刊——《先驱报》，主要顾客群便是乘坐火车来往于美国东西海岸的乘客们。他用挣得的钱在行李车上建立了一个化学实验室。不幸的是，在一次实验中，由于化学药品着火，差点点燃了一列载满糖果和报纸的列车。铁路方一怒之下，将他和他的设备全扔出了车外。

　　1877年至1878年，已近中年的爱迪生发明并完善了用于远距离传声的麦克风，这一发明直至20世纪80年代，仍被应用于所有电话器材之中。一年之后，他还因发明了真空白炽灯，被后人称为"现代电灯之父"。他这一发明点亮了世界各地漆黑的夜空。

然而，若要在爱迪生一生近2000个专利发明中，选出一个最为有趣的，则非他在晚年发明的"自动打水器"莫属了。传说当时爱迪生居住的别墅中有一口深井，每天从井中取水费时耗力，一度让爱迪生烦恼不已。有一次，他望着面前络绎不绝的访客，心生一计。他在门口设计了一个装置，每当来访的客人推开房门一次，便毫不知情地替爱迪生从水井中提了一桶水。从此，爱迪生再也不用为打水的事发愁了。

弗兰克·鲍姆

美国，1856—1919年

　　19世纪中叶，弗兰克·鲍姆出生于位于纽约州的小镇，父亲本杰明是当地一名富有的石油大亨。鲍姆因患有先天性心脏病，受到家人的特别关照，在父亲的大庄园中度过了无拘无束的童年时光。当鲍姆长大为一名帅气的小伙子时，父亲为了使他得到锻炼，将他送去一所军校学习。然而，鲍姆没过多久便因心脏不适而被军校遣返回家。之后，在父亲的照顾下，鲍姆参与了父亲公司旗下多家剧院的表演工作。父亲去世后，鲍姆继承了巨额遗产，可惜的是，年轻的鲍姆并不是一块做生意的材料。没过多久，他就破产了，还欠下了一大笔钱。

　　幸运的是，鲍姆结婚后随丈母娘一家迁居南达科他州，并在那里开了一家名为"鲍姆集市"的百货公司，他终于还清了债务，还有时间做摄影师和记者。

　　一天晚上，他在给几个儿子讲故事的时候，突然产生了一个前所未有的灵感，他边哄孩子们安静下来，边顺手抓起一张纸，兴奋不已地把这个灵感记录在上面。随后不久，他将这些故事编撰成书，并在 1900 年出版了一本童话书。这本立意新颖的童话书，在短短一年之内卖出了 90000 本。这是一个关于翡翠城的故事，就是奥兹国探险故事的创意来源。应读者要求，鲍姆以"奥兹国"为背景创作了系列童话《奥兹国仙境奇遇记》（共14 部），其中最为人熟知的是《绿野仙踪》。他的故事里没有狼，也没有什么吓人的情节，只有玩具和奇妙的幻想世界。

罗斯福总统与泰迪熊

美国，1858—1919年

　　泰迪熊的故事要从 20 世纪初的美国讲起。1902 年 11 月，一家报纸刊登了一幅政治讽刺漫画，内容是时任美国总统的西奥多·罗斯福（人称老罗斯福）在打猎时拒绝枪杀一只小熊。从此，这只小熊便被人们冠以"泰迪"之名，成为老罗斯福政府的吉祥物，而"泰迪"正是当时百姓对老罗斯福的昵称。不久之后，一位名叫莫里斯的商人嗅到了其中的巨大商机，与妻子一道用废弃布料制作名为"泰迪"的小熊玩具，放在商店橱窗中售卖，并获得了巨大的成功，随后他们开办了大型玩具工厂——理想玩具公司。

　　在大洋彼岸的德国，有一位名为玛格莉特·史泰福的女士，自 19 世纪 80 年代起便经营着一家布偶工厂。在老罗斯福来访德国时，史泰福制作了一只四肢能够活动的毛绒玩具熊，并将它送给了这位美国总统。

　　1903 年，史泰福生产的泰迪熊在美国售出了 4000 只，并被老罗斯福之女大量装点在自己的婚礼上。短短 5 年，史泰福生产的泰迪熊年销量便达到了上百万只。1909年，史泰福女士去世了，为了与其他竞争对手的产品进行区分，公司继任者决定在其后生产的每只泰迪熊玩具的耳朵上挂上一枚耳钉，并在它们胸前写上各自的名字。

如果你已不再年幼，却还是无法改掉抱着小泰迪才能入睡的"坏习惯"，请不要担心，因为那位曾经征服了马特洪峰（阿尔卑斯的知名山峰）的意大利著名探险家沃尔特·博纳蒂，在1965年2月登山时也随身带着他心爱的小泰迪熊玩偶呢。

红衫军

意大利，1860年5月5日—10月26日

　　19世纪60年代初，被后人尊称为"意大利统一之父"的加里波第，从遥远的南美洲回到了意大利故国。加里波第擅长排兵布阵，不拘泥于当时排枪射击的陈旧战法，使用他在南美洲丛林中练就的游击战术，率领上千名红衫军将士，从热那亚附近一块礁石出发，一路杀到位于西西里岛上的马尔萨拉港，让敌人大吃一惊。

　　攻下了西西里岛之后，加里波第一行人在英国皇家海军的协助下，越过墨西拿海峡，登陆意大利半岛后一路向北进军。当时正与守卫那不勒斯的波旁反动统治者陷入苦战的红衫军将士们，攻入距离那不勒斯仅8千米路程的波蒂奇小镇。得知这里不久前刚刚开通了意大利的首条火车线路，加里波第率领将士们登上列车，朝那不勒斯进军。最终，加里波第在沃尔图诺战役中重创了当时统治着两西西里王国[16]的波旁王朝。

　　在意大利统一前夕的峥嵘岁月之中，还有不少女性用笔墨记录下红衫军的故事，并得到了世界各地大部分人民的同情与

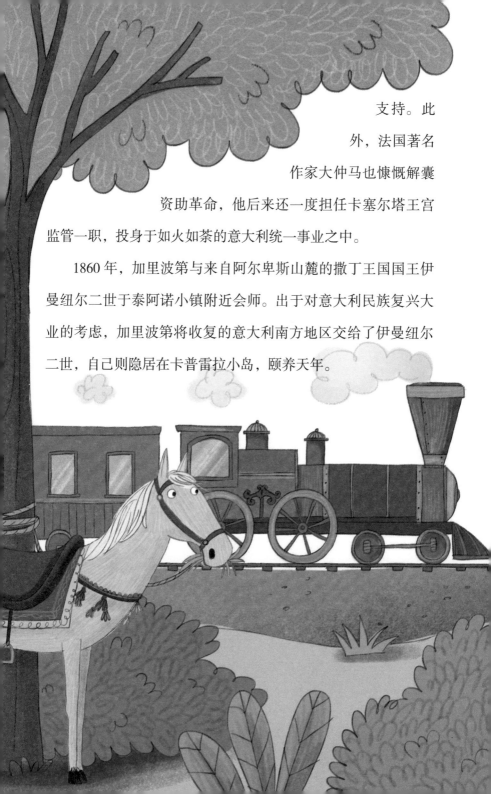

支持。此外，法国著名作家大仲马也慷慨解囊资助革命，他后来还一度担任卡塞尔塔王宫监管一职，投身于如火如荼的意大利统一事业之中。

　　1860年，加里波第与来自阿尔卑斯山麓的撒丁王国国王伊曼纽尔二世于泰阿诺小镇附近会师。出于对意大利民族复兴大业的考虑，加里波第将收复的意大利南方地区交给了伊曼纽尔二世，自己则隐居在卡普雷拉小岛，颐养天年。

《小妇人》与南北战争

美国，1861—1865年

在 150 多年前的美国，人们常在家中厨房里放置一座巨大的煤炉。这是许多孩子玩捉迷藏时的理想藏身之所，但很容易发生危险，所以父母会严令禁止孩子走近这片"禁地"，并哄骗他们说煤炉里藏着一个尖嘴獠牙的怪物。

然而，有一个名叫路易莎的小女孩儿偏不信，她趁父母姐妹不注意，探进煤炉看了一眼。没想到，她真的在煤炉里看见了一双充满恐惧的眼睛。惊魂未定的路易莎走出厨房，把自己的所见所闻告诉了姐妹们。可姐妹们根本没把路易莎的话当回事，还说她一定是在梦里撞见鬼了。

直到许多年以后，当姐妹 4 人都长大成人时，她们才意识到，那天路易莎看到的不是怪物，而是一个从南方逃来的黑奴，他当时正好藏身于路易莎家的煤炉之中，躲避奴隶主凶残的追杀。这个黑奴历经千辛万苦，终于来到了早已废除奴隶制的"自由之地"。他所选择的藏身之所，属于一位意志坚定的反奴隶制斗士——路易莎的爸爸布朗森。布朗森是一位自学成才的哲学家、学校改革家和乌托邦主义者。他坚信人人生而平等，与肤色无关，后来为了实现解放黑奴的理想甚至一度无力担负家庭生活。

维持一家人生计的担子，便落到了他那富有进取精神的二女儿路易莎的肩上。路易莎在学校教过书，当过女裁缝、护士，做过洗熨工，15 岁时还出去当过佣人。然而，是金子总会发光，1868 年，路易莎的文学天赋终于得到了"贵人"的赏识，当时年仅 36 岁的她，在一位出版商的建议下，创作了一部关于"女孩子的书"，并将几位姐妹和父亲一并化名写入此书之中。出乎作家意料的是，这部名为《小妇人》的小说，打动了无数美国读者，尤其是女性读者，成为一部美国文学的经典之作。

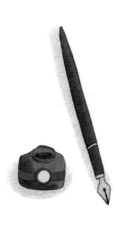

圣雄甘地

印度，1869—1948年

在印度，他被人们尊称为"圣雄"，他就是印度国大党领袖甘地。据说，甘地是一个急性子的人，他步履匆匆，以致别人和他说话时要追着他的脚步跑。但在许多孩子眼中，他却是一位风趣幽默的老人。

有一次，甘地向随行人员回忆起小时候和母亲依照教规斋戒的故事：当时根据教会的要求，所有信徒在夜幕降临、月色初上之前，不能吃任何食物。不巧的是，那一段时间恰逢雨季，忍饥挨饿的小甘地在家中阳台等了许久，才发现在层层云雾之中终于露出了一丝微弱的月光。他急忙叫来母亲，只可惜当母亲来到阳台时，月亮似乎想跟他开个小玩笑，逃进云雾中去了。无奈，母子二人只好继续挨饿。后来有一次，小学班主任为了应付上级派任的检查工作，要求甘地抄写身旁一个同学的作业。性格耿直的甘地不愿意做弄虚作假的事，便严词拒绝了老师的要求。这便是后来那位在任何艰难险阻面前都不屈不挠的印度国父"圣雄甘地"。

蒙台梭利

意大利，1870—1952年

　　玛丽亚·蒙台梭利是一位举世闻名的伟大教育改革家，她一生致力于破除传统教学的条条框框，主张让学生自主学习。蒙台梭利早年毕业于医学专业，是意大利第一位女性医学博士，曾在红十字会机构工作，后来投身于文化人类学研究中，醉心于研究人类在不同文化圈中的行为模式。在此期间，她结识了一位名叫朱塞佩的精神病科专家，后者的主要研究领域为残障儿童的心理健康问题。

　　与朱塞佩的相识，让蒙台梭利意识到只有更好地激发孩子们自主学习的热情和提高他们在课堂教学中的参与度，通过"寓教于乐"的学习方法，才能更加有效地提高教学效率、改善教学效果。

　　尽管蒙台梭利一生亲历了两次世界大战，但她从未改变自己的初衷。在她的眼里，孩子从来不是成人的附庸，而是一个个具有独立人格的鲜活生命，代表着人类迈向未来的前进方向。

莱特兄弟

美国，1867—1912年 / 1871—1948年

　　莱特兄弟从小就喜欢摆弄各种稀奇古怪的小玩意儿，而他们的飞行梦想，或许就源自他们从小最擅长制作的风筝吧。

　　1892年，莱特兄弟开了一家名为"莱特自行车公司"的自行车修理和销售店。从此，他们走上了与飞行结缘的道路。

　　1849年，英国人凯利制造了世界上第一台无自主动力的三翼滑翔机，在几位助手的牵引下，滑翔机竟迎着微风飘飞了一段距离，这也是人类历史上首次有记录的载人滑翔机牵引飞行。被人们誉为"滑翔机之父"的德国人奥托·李林塔尔曾在7年时间里，制造出18种不同型号的滑翔机，然而在一次滑翔飞行试验中，不幸从空中摔落，脊椎断裂。莱特兄弟在凯利成功飞行的鼓舞下，汲取了李林塔尔飞行的宝贵经验，在风能丰沛的海滩上多次放飞风筝以做试验。后来，兄弟俩对自行车车身管架进行改造，他们成功制造了一架小型双翼机，而飞机的传动系统则由几条自行车链条组成。

　　1903年12月17日，莱特兄弟的飞机"飞行者一号"最终从"理

论"成为"现实"，虽然最初只是在空中跌跌撞撞地飞行了12秒，飞行距离也仅为可怜的36.5米，但还是得到了观摩者的高度赞誉和鼓励。

令人遗憾的是，莱特兄弟的成功并没有立即得到美国政府和公众的重视与承认，人们甚至怀疑这一消息的真实性。直至1906年，莱特兄弟在美国申请的飞机专利才得到承认，美国民众才恍然大悟，他们竟拥有这样两位伟大的同胞，然而他们在欧洲早已成为声名鹊起的飞行先驱了。

1903年的飞行后，莱特兄弟继续反复运用风洞试验，不断对原型机进行优化改进。经过上千次滑翔经验的积累，兄弟俩掌握了初步的飞行理论与技术，并在风洞中研究与比较了200多种机翼形状。

马可尼
——无线电通信奠基人

意大利，1874—1937年

　　古列尔莫·马可尼出生于意大利博洛尼亚市郊一个富有的地主家庭。马可尼高中毕业后，放弃了上大学进修的机会。他结识了一位物理学教授，两人常常一道在家中阁楼里潜心研究学术，还设计研制了不少做工精密的科学仪器。

　　有一天，马可尼将一个农民朋友带到山后面的一片葡萄园中，向他展示一台带有"可动的小锤子（即电报机上的电键）"的奇怪机器，还叮嘱他千万不要触碰这台机器。这个农民很困惑，当他看到"小锤子"在马可尼的手下被按动了3次，出现了代表着用摩斯密码[17]中的三个点所表示的"s"这一字母时，更是惊呆了。这便是无线电报机，由马可尼于1895年研制成功。

　　1901年，马可尼通过在英国康沃尔建立的当时世界上最大的10千瓦火花式电报发射机，进行越洋通信试验。在加拿大纽芬兰的天线收到了从英国康沃尔越过大西洋发来的"s"字母信号，由此开辟了无线电远距离通信的新时代。

马可尼是个胸怀大志的人，他并未就此停下手头的工作，字母信号的跨洋传递只是自己发明的阶段性的成果，接下来他要做的是将人们美妙的歌声、欢快的笑声和悦耳的交响乐曲等，通过他发明的无线电装置，传播至世界上每一个角落。

科 扎 克

波兰，1878—1942年

　　雅努什·科扎克出生于 19 世纪后期，父亲是一名律师，他从小立志要为世界变得更好而努力。为了拯救身边受苦受难的百姓，科扎克首先选择了从医之路。在战争年代，他冒着枪林弹雨在战场上救助伤兵；在和平年代，他向富人收取昂贵的诊金，让许多没钱看病的穷人得到治疗。

　　为了帮助流浪街头的孩子，科扎克开办了孤儿院，并将它亲切地称为"我们的家"。这所位于波兰首都华沙的孤儿院，与众不同之处在于所有的院规都由住在这里的孩子们共同制定，在院规面前人人平等，不分年龄大小。后来，科扎克带领孩子们创办了杂志《小评论》，刊登孩子们寄来的文章，读者也以青少年为主。科扎克在孤儿院工作了近 30 年。

　　1939 年，德军入侵波兰，第二次世界大战爆发。当时掌权的德国纳粹主义者，一心想灭绝居住在波兰的犹太人和所有波兰异见分子。1942 年，孤儿院中的 200 多名儿童和工作人员被德军送往特雷布林卡灭绝营。愤怒的科扎克撕毁了希特勒（纳粹德国元首）特颁给他的通行证，说他不会抛弃他的孩子。在纳粹惨绝人寰的毒气室中，他身着孤儿院院长制服，唱着孩子们耳熟能详的歌曲，陪伴孩子们走完了人生的最后一程。

这位被誉为"儿童发展心理学研究先锋"的波兰教育家，在 1924 年发布的《日内瓦儿童宣言》起草工作中做出了不朽的功绩。科扎克强调解放儿童天性，尊重儿童权利，并鼓励成人与儿童之间保持沟通。此外，他还写了《如何爱孩子》（1914）、《小国王：马特一世执政记》（1923）、《尊重儿童权利》（1929）等作品。

爱因斯坦

德国/美国，1879—1955年

所谓"相对论"，通俗地说，就是在天体运动中，空间不像牛顿所描述的那样是绝对平直的，而是会在质量和能量的作用下发生弯曲。"相对论"的提出，为人类探索宇宙做出了巨大贡献。这个重要理论的提出者爱因斯坦获得了 1921 年诺贝尔物理学奖。

爱因斯坦出生于德国。小时候的爱因斯坦学习成绩平平，性格腼腆内向，不善与人交流，他喜欢在树林里散步，仰望星空。1900 年，爱因斯坦向德国的《物理学刊》寄了一篇凝结着他多年智慧与心血的论文，名为《毛细血管现象带来的推论》。这是爱因斯坦正式发表的第一篇科学论文，虽然后来被他自评为"毫无价值"，但这是他在学术上迈出的重要一步。

1905 年 6 月，爱因斯坦在《论动体的电动力学》一文中完整地提出了狭义相对理论。当时年仅 26 岁的他，提出了与几百年前牛顿所提出的绝对时空观完全不同的观点。根据爱因斯坦的理论，我们所处的宇宙空间，并不是像牛顿所设想的那样，平板一块，大小不一的各个星体旋转于其上。在爱因斯坦看来，宇宙空间就像一张塑料片，在其中运动的星体重量会导致时空产生弯曲。实际上，整个宇宙包括地球的表面，平直时空只是一个近似概念，而弯曲时空才是真实发生的普遍现象。尽管在地球表面的环境之中，这种弯曲效应微乎其微，对人们的日常生活没有多大影响，但如果我们将目光投向广袤的宇宙，当有质量的物体在进行加速运动的时候，便会产生惯性质量，而其加速度越快，惯性质量也就越大。

20 世纪 30 年代初，德国政权逐渐落入纳粹之手，出身犹太家庭、受尽歧视的爱因斯坦携妻子逃亡美国。

马卡连柯

苏联，1888—1939年

1917 年，俄国十月革命爆发，俄国沙皇被赶下了台、赶出了皇宫，人民从此当家做了国家的主人。而 1933—1935 年间出版的一部名为《教育诗》的文学作品，讲述了一群教养院的流浪儿童，在一位乌克兰小学老师的带领下，在一种全新教育理论和方法的指导下，从一群不遵守纪律的乌合之众，逐渐转变为团结的集体，成为苏维埃一代新人的故事。

写下这部作品正是苏联杰出教育家、作家马卡连柯。他出生在一个乌克兰铁路工人家庭，于 1928—1935 年领导建立了一个与书中描写的同一性质的"捷尔任斯基儿童劳动公社"。在这个"公社"中，教师、学生、工人和家长，不分男女老幼、尊卑贵贱，他们共同制定公社的公约，并按照公约的约法要求，在一起生活和工作。

在这座"无产阶级大熔炉"中，孩子们的聪明才智得到了学校的承认和开发，而曾经"作奸犯科"的坏孩子，也在这里得到了平等的对待。

理查德·伯德
——史上飞抵北极点第一人
美国，1888—1957年

　　理查德·伯德在 10 岁时，立志要成为一名探险家，就像凡尔纳小说中的尼摩船长一样。两年之后，他恳请父母将他送菲律宾的朋友家里作客。没想到，他刚到达菲律宾，便应征水手登上了一艘环行世界的蒸汽轮船，足足两年之后才回到父母身边。1911 年，当伯德得知挪威探险家阿蒙森一行成功到达南极后，便再也坐不住了。在南极探险竞赛中落败的他，发誓要赶在所有人之前到达北极。为了达到这个目的，他应征加入美国海军。但后来因在操练场上受伤，伯德于 1916 年退出海军现役。但是他对北极探险的热情丝毫未减，既然无法从海上前往，他就乘飞机到那里去。

　　1926 年，挪威探险家阿蒙森和意大利飞行员诺比尔驾驶"挪威号"飞艇前往北极。当年 5 月 9 日上午 9 时 2 分，伯德与同伴一起飞抵北极上空，盘旋了约 15 分钟，在测定了飞机的确位于北极点上空后返航。而驾驶着"挪威号"飞艇的阿蒙森一行，直至 5 月 11 日，才飞临北极上空，比伯德晚了两天。

艾肯的故事

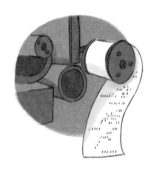

美国，1900—1973年

　　现在我们使用的电脑其实是计算器的升级版。20 世纪 30 年代，有一家专业生产设备的公司，名叫 IBM[18]。当时公司由其创始人、著名商业奇才老沃森掌舵。那时，距离 1929 年席卷全球的经济危机才刚刚过去几年，老沃森不仅不减产裁员，还建立 IBM 实验室来研发更优质的产品，并向全国招募有志青年才俊。

　　然而，老沃森的实验项目起初进展得并不顺利，因为前来应聘的年轻人和他们所带来的所谓"原创新型计算器"，都无法进入他的法眼，直到一位名叫艾肯的科学家出现。任职于哈佛大学物理学系的艾肯，向老沃森讲述计算机历史中的里程碑事件和人物，从帕斯卡尔发明的首台数字轮式计算器——"帕斯卡林"，讲到利用齿轮、蒸汽和打孔卡的巴贝奇设想的"自动计算器"模型，而老沃森在一旁听得津津有味。接着，艾肯补充说道，如果人们能够利用电能驱动，让计算器自动工作，那么其可靠程度和工作效率定将大大高于巴贝奇设想的以蒸汽机作动力的"自动计算器"。听到这里，坐在办公桌另一头的老沃森会心一笑，并当场拍板为艾肯研制通用自动计算器投下巨资。

在老沃森的大力支持下，1944 年，一台高 2.4 米、长 15 米的"庞然大物"终于横空出世。这台自动程控计算机名为"马克一号"，也被研究人员亲切地叫作"贝西"。"她"工作时的响声就像有一屋子工人在纺织，要是"她"生气了，会将"肚子"里的打孔卡和成吨纸屑，毫不留情地"吐"出来。

达利——融化的钟
西班牙，1904—1989年

　　达利年轻的时候因行为叛逆被就读的美术学院开除。1929年，年仅25岁的达利，在家乡的海滩上为自己不断冒出来的疯狂念头大笑，几乎失控，直到几位朋友和俄国女孩加拉到来，这位怪诞画家才被拉回现实世界。

　　达利是一位具有卓越天才和想象力的超现实主义画家，身边时常围绕着许多朋友，他们大多是来自欧洲各国的艺术家，如西班牙美术家毕加索、比利时画家玛格利特、法国诗人艾吕雅、西班牙诗人洛尔迦、西班牙导演布努埃尔。然而，达利的创作风格离奇、怪诞，比如他在画作《记忆的永恒》里把钟表（如标题旁的图）画得软塌塌的，给人感觉好像快要融化似的，

以此寓意时光的流逝。可是达利的作品在当时被认为太超前了，尽管让人印象深刻，却没人购买。

后来就在达利快要破产而不得不放弃绘画的时候，身边12位志同道合的好友决定每人出资200法郎，向达利购买13幅超现实主义画作，要求一年内完成。一年之后，达利的12位朋友每人都获得了一幅画，其中还有一位幸运儿经过抽签，获得了两幅画。达利在好友们的资助下，从破产的边缘被拯救了回来，继续意志坚定地沿着绘画这条道路一直走下去。如果没有这12位好友的资助，世界会失去一位杰出的超现实主义艺术大师。

楚泽——计算机之父

德国，1910—1995年

在 20 世纪 30 年代的德国，当时许多孩子的童年，是在家里的客厅摆弄玩具火车和搭建各式场景模型中度过的。而我们故事的主人公——楚泽，则与众不同，他闭门做着没有人看得明白的奇怪事物。大家在门外只听得锤子和螺丝刀等各种金属器具发出叮叮当当的响声。但就是在这种简陋的条件下，经过多年试验研发，1938 年，楚泽竟然成功地试制出了代号为 Z1 的一台可编程数字计算机。而这时他正在柏林一家飞机制造厂工作，需要进行大量烦琐的计算，他希望能用计算机来完成，便在 Z1 的基础上，研究制成 Z2、Z3 和 Z4 电磁式计算机。

Z4 计算机重达两吨，占地足有 20 平方米之多。为了躲避来自盟军的炸弹空袭，楚泽把 Z4 计算机拆解成零件，搬到了阿尔卑斯山区中的欣特斯泰因小镇，再重新组装。1945 年，盟军攻陷纳粹德国首都柏林，一支美军部队来到了这个宁静的小镇，并在一个地窖里发现了 Z4 计算机。士兵们还以为这庞然大物是纳粹德国的一件秘密武器，便决意要毁掉它。值得庆幸的是，在楚泽的解释和说明下，Z4 最终躲过了被破坏的厄运，得以保存至今。

　　而与其同时代，一位名叫艾肯的科学家，也在大洋彼岸的美国，成功试制了一台名为"贝西"的自动程控计算机。

阿西莫夫——机器人科幻之父

美国，1920—1992年

阿西莫夫是全球公认的科幻大师，与凡尔纳、威尔斯并称为科幻历史上的三巨头。1923 年，小阿西莫夫跟随父母乘坐火车、轮船，漂洋过海，从俄罗斯来到了美国纽约的布鲁克林区，并在那儿定居下来。当小阿西莫夫 6 岁时，父亲给他办了一张图书馆的借书卡，鼓励他学习英文，努力融入当地社会。在那个年代的图书馆中，成年人可以凭借书卡无限量借阅图书，而孩子们每周却只能借走 2 本图书，而这完全无法满足嗜书如命的阿西莫夫的需要。

阿西莫夫 11 岁时，决定自己写书。3 年之后，阿西莫夫参加了当地举办的青年作家研修班。只可惜，在那个悬疑故事风靡全国的年代里，阿西莫夫创作的家庭幽默小故事和科幻小说，真可谓是"离经叛道"，因此研修班上的许多同学和老师都对他的作品嗤之以鼻。

不过，年少有志的阿西莫夫并未因此而打退堂鼓。他是一名彻头彻尾的科幻迷。有一次，阿西莫夫未能买到自己每月必买的科幻杂志，他竟然径直来到杂志社，毛遂自荐，向杂志社社长递上了他早前创作的《宇宙瓶塞钻》。社长高度评价了这部小说，并同意在杂志上刊登他的作品。这部时间旅行小说正是阿西莫夫真正意义上的科幻处女作。

阿西莫夫写下了《基地三部曲》和《我，机器人》等经典科幻作品。他提出的"机器人三定律"被称为"现代机器人学的基石"。在科幻文学领域以外，阿西莫夫还曾任教于美国哥伦比亚大学，他是一位德才兼备的生化学家和科普专家。

脉冲星钟
——宇宙中最精确的时钟

美国，1949年

　　这是一个和数字有关的故事。地球围绕太阳公转一周的时间是一年，也就是365天，即31536000秒。地球自转一次，则需一天24小时，即86400秒。然而，太阳回归的时间越来越向后推，于是古人就想到用闰年的办法加以修正，每4年设置1个闰年，增加一天。地球上出现的潮汐、地震等自然现象会导致地球自转速度发生变化，但直到1949年原子钟被发明出来，人们才意识到这一点。设立于英国格林威治天文台的原子钟，精度可以高达每2000万年才误差1秒。与此同时，为了使时间与放慢脚步的地球保持一致，自1972年以来，全世界开始增加闰秒，从1年增加2次到7年增加1次都有。

　　1982年9月的一个午夜，人类发现了宇宙中最精确、最稳定的时钟——毫秒脉冲星。这颗脉冲星被定名为PSR B1937+21。根据天文学家的观察，这种脉冲星不仅自转速度极快，而且自转的周期性非常精确，甚至可以视作宇宙中最精确的时钟。即使我们再也接收不到它所发出的脉冲信号，仅靠并不复杂的数学运算，也能精确算出脉冲星的标准时间。

　　孩子们，如果今晚你们睡不着的话，别数绵羊了，不妨去数一下那远在天边的脉冲星一共向你"眨了几次眼"吧。

欧洲核子研究组织

瑞士，1954年

　　在瑞士日内瓦附近，瑞士和法国的交界处100米深的地下，有一段长度超过27千米的特长环状隧道，被称为"日内瓦之环"。在这条漫长绵亘的隧道里，来自欧洲各国的最出色的物理学家们，潜心研究一种物质——粒子。粒子是肉眼无法看到的物质，它们比微生物甚至原子还要细小。有意思的是，粒子虽小，但是观察它的设备却非常庞大。为了"看见"这些肉眼看不见的粒子，科学家们在隧道里放置了一台世界上最大的粒子加速器——大型强子对撞机（LHC），重达5万吨。科学家们希望利用对撞机让粒子加速，使它们以接近光速的速度运动，然后让它们相撞，重现宇宙大爆炸的时刻。

　　这个"日内瓦之环"是欧洲核子研究组织（CERN）的研究装置之一。这个中心初创于1954年，早期由12个欧洲国家发起组

成，是欧洲第一个联合研究机构，现已发展至拥有 21 个成员国。在这里工作的研究者们希望通过观察粒子来弄清一些根本性的问题，例如我们的宇宙是如何诞生的，为什么物质拥有质量，等等。

我们坚信，终有一日，在这些能量巨大的对撞机的辅助下，来自世界各地的科学家们，一定能够向我们成功揭示地球母亲深埋亿年的奥秘，更能"读懂"这些来去倏忽的粒子间那晦涩难懂的"语言"。

注释：

[1] 角斗士：古罗马时代从事专门训练的奴隶、被解放的奴隶、自由人或是战俘，他们手持短剑、盾牌或其他武器，彼此角斗，以博得观众的喝彩。

[2] 庞培（公元前 106—公元前 48 年）：古代罗马共和国末期著名的军事家和政治家。

[3] 克拉苏（约公元前 115—公元前 53 年）：古罗马军事家、政治家，罗马共和国末期声名显赫的罗马首富。

[4] 儒略历颁布前，每周为九日，在儒略历颁布后，才改为一周七日。

[5] 奥古斯都：原名盖乌斯·屋大维·图里努斯，"后三头同盟"之一、罗马帝国的第一位元首，统治罗马长达 40 年，是世界历史上最为重要的人物之一。

[6] 波里翁（公元前 76—公元 5 年）：古罗马著名政治家和文学家，因建立古罗马第一座公共图书馆而闻名于世。

[7] 近东：欧洲人通常指地中海东部沿岸地区，包括非洲东北部和亚洲西南部，但伊朗、阿富汗除外，有时还包括巴尔干。

[8] 犹大：《圣经》中的人物，耶稣十二门徒之一。因为 30 个银币将耶稣出卖给罗马政府，耶稣被十字架钉死后，犹大因悔恨而自杀。

[9] 亚瑟王：传说中的古不列颠最富有传奇色彩的伟大国王，是圆桌骑士的首领。

[10] 征服者威廉：即威廉一世（约 1028—1087 年），诺曼王朝的首位英格兰国王。

[11] 罗宾汉：英国民间传说中的英雄人物，他武艺出众、机智勇敢，仇视官吏和教士，是一位劫富济贫、行侠仗义的绿林英雄。

[12] 巴塔哥尼亚：主要位于阿根廷境内，小部分属于智利，由广阔的草原和沙漠组成。

[13] 尼古拉·哥白尼（1473—1543 年）：文艺复兴时期波兰天文学家、数学家。

[14] 埃德蒙·哈雷（1656—1742年）：英国天文学家、地理学家、数学家、气象学家和物理学家。哈雷彗星便以其名字命名。

[15] 儒勒·凡尔纳：法国小说家、剧作家、诗人，现代科幻小说的重要开创者之一。

[16] 两西西里王国：意大利统一之前意大利境内最大的国家，占据着整个意大利南部，由历史上的那不勒斯王国和西西里王国组成，其首都是那不勒斯。

[17] 摩斯密码：发明于1837年，是一种时通时断的信号代码，通过不同的排列顺序来代表不同的英文字母、数字和标点符号。

[18] IBM：即"International Business Machines Corporation（国际商业机器公司）"里前三个单词首字母的简称。

看动画，学知识
一起探索奇妙世界

扫描本书二维码，获取正版资源

智能阅读向导为您严选以下免费或付费增值服务

- **免费广播剧** 好故事随身听，带你在知识的海洋里遨游
- **自然大百科** 趣味科普动画，为你打开探索世界的大门
- **成语故事集** 趣味解说成语，帮你积累丰富语文词汇量
- **德育动画片** 历史人物故事，跟着古人学习处世的哲学

☆ 闯关小测试：检验你对知识的掌握情况
☆ 读书记录册：养成阅读记录的良好习惯
☆ 趣味冷知识：带你认识世界的奇妙多彩

扫码添加智能阅读向导

操作步骤指南

① 微信扫描下方二维码，选取所需资源。
② 如需重复使用，可再次扫码或将其添加到微信"📦收藏"。